科学在你身边

KEXUEZAINISHENBIAN

电脑

北方妇女儿童出版社

前　言

　　电脑的出现对人类社会的发展产生了重大影响。

　　在今天,说起电脑,几乎人人皆知。它代替了人们的部分脑力劳动,甚至在某些方面扩展了人的智能,它可以帮我们做很多事情,完成许多复杂的工作,是我们工作和娱乐不可缺少的重要工具。

　　计算机网络的建成和发展使电脑的功用发挥到了极致,世界看上去更像是一个地球村。如今,我们可以坐在电脑屏幕前,一边喝着咖啡,一边漫游世界。还可以看电影、听音乐、打电话、买东西、寄信函、发货款,不用出家门就几乎把什么事都办了。

　　电脑的诞生和普及影响到了我们每一个人,也许你还不明白其中的道理,打开这本书,你将会了解到有关电脑的一切奥秘:最早的电脑是什么样子? 是谁发明的? 电脑由哪些部件组成? 它们是如何工作的? 因特网是什么? 翻开下一页,你会从中得到你想知道的一切。

目　录
M U L U

M U L U

 # 电脑是什么

电脑也叫电子计算机,简称计算机,就是代替人脑工作的一种工具。只要发出指令,我们就可以让电脑执行多样而广泛的事情。

电脑能做什么

今天,电脑可以帮我们做很多事情,比如,用它可以写字、画画、计算、打印文件、创作动画、收发邮件,进行企业管理、财务管理。连接互联网还可以听音乐、看电影、玩游戏、购物、和全世界的朋友聊天,还能以非常便宜的价格打国际长途电话呢!

为什么称为"电脑"

由于计算机操作简单,价格便宜,可以代替人们的部分脑力劳动,甚至在某些方面扩展了人的智能。所以,它被人们形象地称为电脑。

← 在电脑上可以画出我们需要的3D图。

电脑的结构

请看看你的计算机，它都包括哪几部分？一般来说，电脑包括四个部分：主机、显示器（输出设备）、键盘（输入设备）、鼠标（输入设备）。

找到你计算机上对应的部分了吗？像主机、显示器、鼠标和键盘这些我们能够看得到、摸得着的部分，就是我们平时说的硬件。

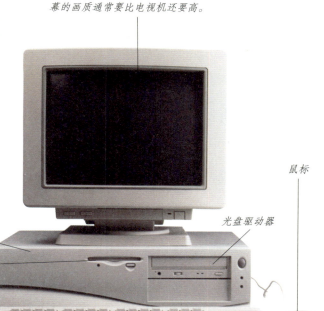

显示器可以呈现电脑的信息，屏幕的画质通常要比电视机还要高。

鼠标

主机

光盘驱动器

软盘驱动器

键盘

早期计算机

早期计算机设备十分落后，根本没有现在的键盘和鼠标，那时候计算机还是一个大家伙，最早的计算机有两层楼那么高。而且当时的计算机根本无法像现在这样处理各种各样的信息，它实际上只能进行数字运算。

◀ 世界上第一台电子计算机命名为"埃尼阿克"，是1946年美国宾夕法尼亚大学埃克特等人研制成功的。它装有1.8万多只电子管和大量的电阻、电容，第一次用电子线路实现运算。

主　机

主机就是机箱部分,它就好比是电脑的心脏和大脑,在里面有很多的部件,分别实现各种连接和处理功能。它能存储输入和处理的信息,并进行运算,控制其他设备的工作。

主机的组成部分

主机是由机箱、电源、主板、CPU、内存、硬盘、声卡、显卡、网卡、光驱、软驱等部分组成。另外,主机上还有一些不常用的设备,如:电视卡、蓝牙等。

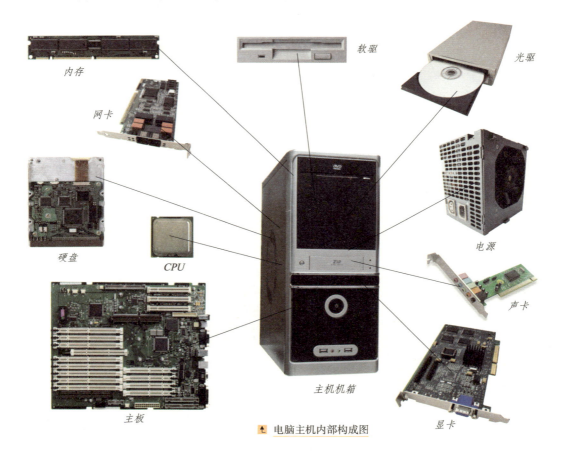

内存　软驱　光驱　网卡　硬盘　CPU　主板　电源　声卡　主机机箱　显卡

⬆ 电脑主机内部构成图

机箱的作用

　　机箱外壳是电脑重要部件的保护者。可以防止内部器件被压和灰尘覆盖，而且还具有防电磁干扰和辐射的作用。另外，机箱还提供了许多便于使用的面板开关指示灯，让我们更方便地操纵电脑或者观察电脑的运行情况。

电磁屏蔽性能

　　电脑在工作的时候会产生大量的电磁辐射，如果不加以防范就会对人体造成伤害。这些辐射主要来源于主板、CPU以及显卡、声卡等设备。这样机箱就成为屏蔽电磁辐射、保护使用者健康的最后一道防线。另外，屏蔽良好的机箱还可以有效地阻隔外部辐射干扰。

⬆ 机箱内部构造图

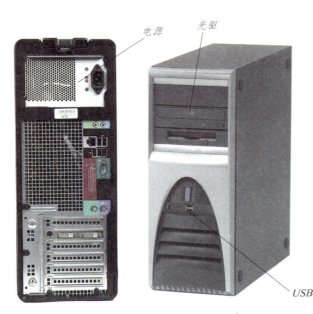

电源　光驱

USB

　⬆ 由于机箱是由铁壳体构成，在绝缘不太好的情况下，应保持手的干燥，不要用潮湿的手去触摸计算机的金属体，以防漏电。为了减弱辐射，机箱应尽量放在远离人体胸部、脑部的位置。

电源

　　电源是主机的供电系统，如果没有电源，电脑就不能运作。电源看上去像一个带有很多引线的铁盒子。电源的作用就相当于我们的心脏，维系着整个生命的运转。电源功率的大小，电流和电压是否稳定，将直接影响计算机的工作性能和使用寿命。

电源寿命

　　电源是有寿命的，如果平均每天工作10个小时，它大约可以工作5年时间，也就是说它的寿命是5年。

主 板

主板又叫主机板,就是连接主机各个配件的主体,没有主板,主机就不能使用。它安装在机箱内,是微机最基本的部件之一。看上去,主板是一个矩形的电路板,它上面安装了组成计算机的主要电路系统。

主板是怎么工作的

当给主板加电时,电流会在瞬间通过和它相连接的所有部件,随后主板会根据基本输入输出系统(BIOS)来识别硬件,并进入操作系统发挥出支撑系统平台工作的功能。

主板示意图

主板构成部分

在电路板上面,是错落有致的电路布线,再上面则是棱角分明的各个部件:插槽、芯片、电阻、电容等。

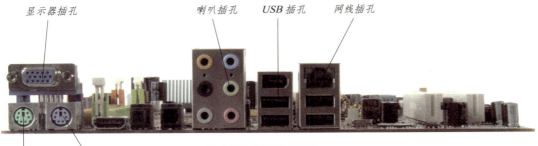

显示器插孔　　喇叭插孔　USB 插孔　网线插孔

键盘插孔　鼠标插孔　　　⬆ 电脑主板侧面示意图

主板驱动

主板驱动是指使计算机能识别硬件的驱动程序。如果计算机不能识别,就要安装驱动。一些声卡或显卡如果是集成的,装上主板的驱动就相当于把这些显卡或声卡的驱动也装上了。

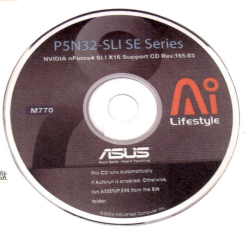

➡ 主板驱动光盘

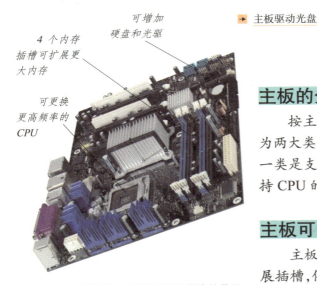

可增加
硬盘和光驱

4 个内存
插槽可扩展更
大内存

可更换
更高频率的
CPU

⬆ 目前,主板的著名厂商认可度比较高的是以下三个品牌:华硕(ASUS)、微星(MSI)、技嘉(GIGABYTE)。它们的主要特点是研发能力强,推出新品速度快,产品线齐全,高端产品非常过硬。

主板的分类

按主板上可以使用的 CPU,可以将主板分为两大类,一类是支持英特尔公司 CPU 的主板,一类是支持超威公司 CPU 的主板。如果以支持 CPU 的种类划分,主板的分类就更细了。

主板可以升级

主板采用开放式结构,大都有 6 ~ 8 个扩展插槽,供 PC 机外围设备的控制卡(适配器)插接。通过更换这些插卡,可以对微机的相应子系统进行局部升级,使厂家和用户在配置机型方面有更大的灵活性。

信息储存

你也许想象不到，电脑的记忆力大得惊人。人们利用电脑来工作，就是为了让电脑来记忆、储存一些信息，然后再来处理这些信息，从而提高工作效率。对于电脑来说，有了存储器，才能保证正常工作。

存储器的分类

电脑的存储器有两类，一类是内部存储器，如果一断电，就会把记住的东西忘光；一类是外部存储器，主要是磁盘、光盘，断了电也能记住。

什么是磁盘

磁盘是类似于磁带的装置，将一个圆形的磁性盘片装在一个方的密封盒子里，人们把数据处理的结果放在磁盘中，这些存储的信息不受断电的影响。磁盘的最大作用就是可以使存的数据反复使用。

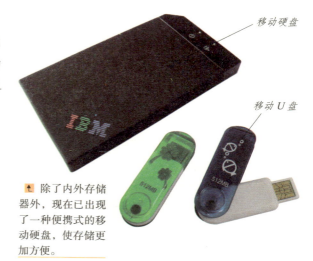

移动硬盘

移动U盘

⬆ 除了内外存储器外，现在已出现了一种便携式的移动硬盘，使存储更加方便。

磁盘的分类

磁盘又分为两类，一类是硬盘，一类是软盘。硬盘在机箱里面负责储存数据，而软盘用来搬运数据，硬盘容量大，软盘容量小，而且硬盘的存取速度比软盘快得多。

⬆ 软盘

⬆ 硬盘

软盘

电脑上有个特殊的地方叫做软盘驱动器,即软驱,要用软盘时就把它放进这个地方,不用的时候可以很方便地拿出来。软盘就像一辆小卡车,装的东西虽然不多,但是搬运起来很方便。不过这个卡车实在是太小了,所以现在人们很少用到它。

→ 如今软盘因容量较小且容易损坏,其功能已逐渐被U盘所取代。

写保护

顶端壳

衬垫

金属片

磁盘

衬垫

底端壳

快门

快门弹簧

硬盘

如果说电脑像一个工厂,那么硬盘就是仓库。它可以放很多东西,我们保存文件就是保存在硬盘上,只是这个"仓库"不能像软盘那样随便搬走。硬盘的容量以兆字节(MB)或千兆字节(GB)为单位,1GB=1024MB。

→ 硬盘内部构造图
读写头与磁盘之间有很细微的空隙,由于任何外来物质都有可能损坏磁盘表面,所以硬盘都是密封的。

磁盘

转轴

读写头

读写臂

移动读写头

光盘

由于软盘的容量太小,所以用得越来越少了。近几年来,我们用得比较多的是光盘。平时我们用的音乐 CD、VCD 影碟都是光盘。光盘最大的缺点是只能读信息,不能写入信息。

内存储器

在电脑的组成结构中,内存储器是一个很重要的部分,简称内存。比如,当我们打开电脑,在键盘上敲入字符时,这些数据就会暂时存入内存储器中;当你选择存盘时,内存储器中的数据才会被存入硬盘。

内存的发展历史

在计算机诞生初期,并没有内存条的概念,最早的内存是以磁芯的形式排列在线路上,一间机房只能装下不超过百 k 字节左右的容量。后来,出现了集成内存芯片,容量特别小。直到 20 世纪 80 年代初期,内存条才被用于电脑。

↑ 内存条

内存储器都有哪些

内存储器包括随机存储器(RAM)、只读存储器(ROM)、高速缓存(CACHE)。RAM 是其中最重要的存储器。

➡ 现在我们电脑中使用的内存就是 RAM。

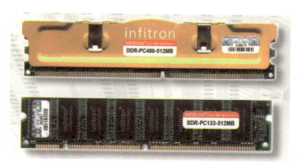

随机存储器（RAM）

随机存储器（Random Access Memory）即RAM，主要用来存放输入或输出数据、中间计算结果以及与外部存储器交换信息，可以从中读取数据，也可以写入数据。当机器电源关闭时，存于其中的数据就会丢失。

BIOS ROM 是被固化到计算机主板上的ROM芯片中的一组程序，为计算机提供最低级的、最直接的硬件控制。和其他程序不同的是，BIOS 是储存在 BIOS 芯片中的，而不是储存在磁盘中的，它属于主板的一部分。

我们通常购买或升级的内存条就是将 RAM 集成块集中在一起的一小块电路板，它插在主板上的内存插槽上，以减少 RAM 集成块占用的空间。

只读存储器（ROM）

ROM 表示只读存储器（Read Only Memory），在制造 ROM 的时候，信息（数据或程序）就被存入并永久保存。这些信息只能读出，一般不能写入，即使机器断电，这些数据也不会丢失。

⬆ 光盘就是一种只能读出不能存储的只读存储器。

高速缓冲存储器（CACHE）

高速缓冲存储器用英文 Cache 表示，在 CPU、光驱和硬盘等电子设备中都有Cache，它可以使这些器件读取数据的速度更快，使我们可以更快地获得需要的信息。

⬅ 高速缓冲存储器是一个读写速度比内存更快的存储器。当CPU向内存中写入或读出数据时，这个数据也被存储进高速缓冲存储器中。当 CPU 再次需要这些数据时，CPU 就从高速缓冲存储器中读取数据。

 # 光驱与软驱

为了便于读取数据，在电脑主机上安装有光盘驱动器和软盘驱动器,也就是我们所说的光驱和软驱。

光驱和软驱是读取光盘和软盘的设备。用的时候，把光盘或者软盘放到里面写入或者读取数据;不用时,可以很方便地拿出来。比较起来，软驱在容量、成本、实用上都比不上光驱,现在电脑一般都不安装软驱。

光驱的工作原理

光驱是用激光读取信息，然后把信息传递到芯片组里进行处理，变成我们可以看见的数据、图片、影像和资料。

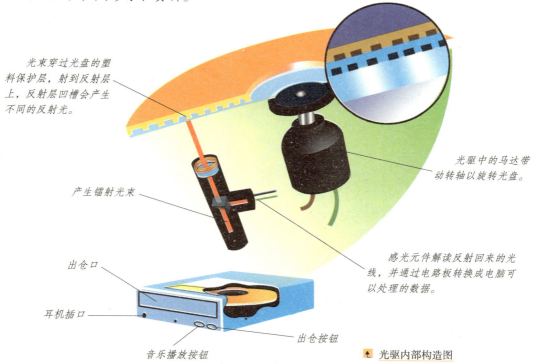

光束穿过光盘的塑料保护层，射到反射层上，反射层凹槽会产生不同的反射光。

产生镭射光束

光驱中的马达带动转轴以旋转光盘。

感光元件解读反射回来的光线，并通过电路板转换成电脑可以处理的数据。

出仓口

耳机插口

出仓按钮

音乐播放按钮

↑ 光驱内部构造图

光驱的发展

　　光驱的发展经历了四代：第一代光驱为标准型、第二代光驱为提速型、第三代光驱为发展型、第四代光驱为完美型。目前，随着新技术的不断涌现，光驱的发展也一定会在传输速度更快，容量更大，兼容性更好的方向上发展。

→ DVD+RW（即DVD光驱刻录机）不仅可以存储数据，还可以刻录视频信息，这是光驱发展史上的一大突破。

软驱的发展

　　世界上第一个软驱，是1976年为IBM公司（即国际商业机器公司）的大型机研发的。几年后，索尼公司推出了3.5英寸的磁盘。20世纪90年代初到几年前，3.5英寸的软盘一直用于PC机（PC机指个人电脑）的标准的数据传输方式。

↑ 索尼公司推出的3.5英寸磁盘

↑ 软盘驱动器就是我们平常所说的软驱，它是读取3.5英寸或5.25英寸软盘的设备。软驱有很多缺点，目前几乎已经被其他设备取代。

软驱的特点

　　软驱分内置和外置两种。内置软驱使用专用的FDD接口，而外置软驱一般用于笔记本电脑，使用USB接口。但是软驱有很多缺点：容量太小，读写速度慢，软盘的寿命和可靠性差等，数据易丢失，因此目前软驱已经很少用到。

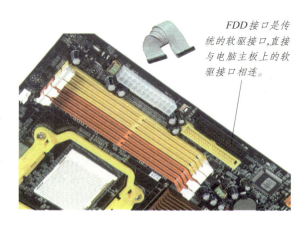

FDD接口是传统的软驱接口，直接与电脑主板上的软驱接口相连。

CPU

    CPU 是我们常说的中央处理器（Central Processing Unit）的英文缩写，只有火柴盒那么大，几十张纸那么厚，但它却是电脑的核心配件，相当于主机的心脏，负责数据运算。在信息处理过程中，CPU 和内存频繁地交换信息，应该说，CPU 的性能高低直接决定电脑的速度。

CPU 的结构

    CPU 一般由逻辑运算部件、控制部件和存储部件组成。在逻辑运算和控制部件中包括一些寄存器，这些寄存器用于 CPU 在处理数据过程中数据的暂时保存。简单讲，CPU 是由控制器和运算器两部分组成。

↑ CPU 基本构造图

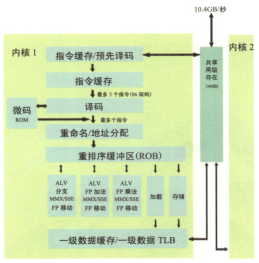

↑ 双核 CPU 运作示意图

CPU 怎么运行

    当电脑运行时，CPU 从存储器或高速缓冲存储器中取出指令，放入指令寄存器，并对指令译码。它把指令分解成一系列的微操作，然后发出各种控制命令，执行微操作系列，从而完成一条指令的执行。

什么是指令

指令是计算机规定执行操作的类型和操作数的基本命令，它规定了计算机能完成的某一操作。CPU 就是靠指令来计算和控制电脑的。

CPU 风扇

散热片

CPU

➡ CPU工作时会产生很大热量，风扇和散热片可以快速将CPU的热量传导出来，并散发到空气中。

CPU 的相关指令

CPU 依靠指令来计算和控制系统，每款 CPU 在设计时就规定了一系列与其硬件电路相配合的指令系统。指令的强弱是 CPU 的重要指标。

CPU 性能指标

一般来说，决定 CPU 性能高低的主要有几个方面：主频、时钟频率、内部缓存等。通常，主频越高，CPU 的速度就越快，整机的速度就越高。时钟频率即 CPU 的外部时钟频率，由电脑主板提供。内部缓存用于暂时存储 CPU 运算时的部分指令和数据，存取速度与 CPU 主频一致。

➡ 英特尔公司研发的双核处理器

CPU 的著名厂商

目前，生产 CPU 的著名厂商有英特尔（Intel）公司、超威（AMD）公司等。其中，英特尔是生产CPU的老大哥，它占有80%多的市场份额。除了英特尔公司外，最有力的挑战者就是超威公司。

声 卡

声卡也叫音频卡，它的基本功能是把来自话筒、磁带、光盘的原始声音信号加以转换，输出到耳机、扬声器、扩音机、录音机等声响设备，或通过音乐设备数字接口(MIDI)使喇叭发出美妙的声音。

声卡的基本功能

声卡是电脑进行声音处理的适配器。它有三个基本功能：一是音乐合成发音功能；二是混音器功能和数字声音效果处理器功能；三是模拟声音信号的输入和输出功能。

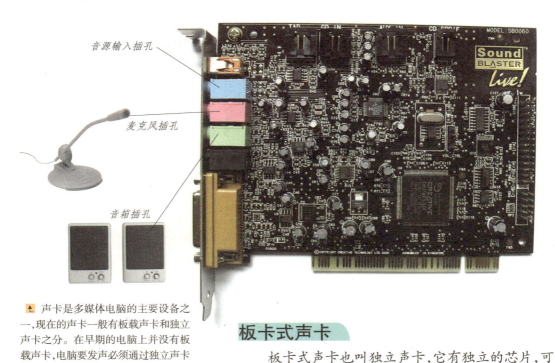

音源输入插孔

麦克风插孔

音箱插孔

🔺 声卡是多媒体电脑的主要设备之一，现在的声卡一般有板载声卡和独立声卡之分。在早期的电脑上并没有板载声卡，电脑要发声必须通过独立声卡来实现。

板卡式声卡

板卡式声卡也叫独立声卡，它有独立的芯片，可以把声音信号和电子信号互相转化的集成电路。板卡式声卡转化信号能力强，但是价格也昂贵。

声卡怎么工作

　　麦克风和喇叭所用的都是模拟信号，而电脑所能处理的都是数字信号，两者不能混用，声卡的作用就是实现两者的转换。声卡的部件之一模数转换电路负责将麦克风等声音信号转换为电脑能处理的数字信号；而它的另一个部件——数模转换电路，则负责将电脑使用的数字声音信号转换为喇叭等设备能使用的模拟信号。

➡ 随着主板性能的提高，板载声卡出现在越来越多的主板中。目前，板载声卡几乎成为主板的标准配置，没有板载声卡的主板反而比较少了。

集成声卡

主板

集成声卡

　　集成声卡是指芯片组支持整合的声卡类型，因为成本低，所以现在集成声卡的应用更加广泛，而且对于绝大部分用户来说，集成声卡已经足够使用了。

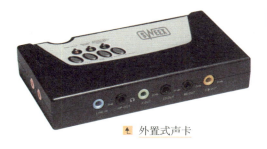

⬆ 外置式声卡

外置式声卡

　　外置式声卡是创新公司独家推出的一个新兴事物，它通过 USB 接口与 PC 连接，具有使用方便、便于移动等优势，但这类产品主要应用于特殊环境，如连接笔记本实现更好的音质等。

音箱

　　音箱是我们生活中常见的家用电器，也就是放置扬声器的箱子，它是将音频信号变换为声音的一种设备。

➡ 音箱主机箱体或低音炮箱体内自带功率放大器，对音频信号进行放大处理后由音箱本身回放出声音。

显 卡

> 　　显卡就是显示卡，又称显示器适配卡，现在的显卡都是 3D 图形加速卡。它是连接主机与显示器的接口卡。显卡的作用是将主机的输出信息转换成字符、图形和颜色等信息，传送到显示器上显示。显示卡插在主板的扩展插槽中，不过现在有一些主板是集成显卡。

显卡的发展

　　从最初简单的显示功能到如今疯狂的 3D 速度，显卡的面貌日新月异。无论是速度、画质，还是接口类型、视频功能，显卡在这十年里的革新甚至已经超越了CPU。

➡ 右图是一款电脑游戏画面，画面非常细腻，特别是水面，3D 效果表现得非常出色。

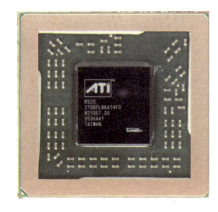

GPU

　　GPU 是图形处理器的英文缩写，是显卡的基本构成部分。尤其是在 3D 图形处理时，GPU 使显卡减少了对CPU的依赖，并进行部分原本CPU的工作。

⬅ GPU 决定了该显卡的档次和大部分性能，同时也是 2D 显示卡和 3D 显示卡的区别依据。2D 显示芯片在处理 3D 图像和特效时主要依赖 CPU 的处理能力，称为"软件加速"。3D 显示芯片是将三维图像和特效处理功能集中在显示芯片内，也就是"硬件加速"。

显卡能做什么

显卡的基本作用就是控制计算机的图形输出,由显卡连接显示器,我们才能够在显示屏幕上看到图像。显卡由显示芯片、显示内存、RAMDAC 等组成,这些组件决定了计算机屏幕上的输出,包括屏幕画面显示的速度、颜色,以及显示分辨率。

显示器

插槽   GPU 风扇   散热片

⬆ 显卡示意图

像素填充率

像素填充率是指图形处理单元在每秒内所渲染的像素数量。显卡的像素填充率越高,显卡的性能就越高,因此可以从显卡的像素填充率上大致判断出显卡的性能。

显卡型号

显卡内存大小

显存

显存就是显示内存的简称,主要功能是暂时储存显示芯片要处理的数据和处理完毕的数据。图形核心的性能愈强,需要的显存也就越多。

⬆ 在电脑上可以看到显卡的显存大小。

网 卡

> 电脑与外界局域网的连接必须通过主机箱内插入一块网络接口板，我们就把这个网络接口板称为"网卡"。某些集成主板，没有网卡，电脑就无法访问网络。

网卡的发展简史

20世纪80年代，局域网技术获得迅速发展。到了90年代，微机局域网的发展在整个计算机网络领域中具有了相当大的影响，数以千计的微机网络用户分布在各个应用领域中，加速了微机网络技术的发展。

局域网

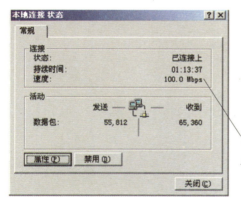

从网卡属性中可以看到网卡的型号。

从本地连接中可以看到网络的速度为100Mbps。

网卡的传输速率

网卡的传输速率是根据服务器或工作站的宽带需求并结合物理传输介质所能提供的最大传输速率来选择的。以英特网为例，可选择的速率就有10Mbps、10/100Mbps、1000Mbps、10Gbps等多种，但不是速率越高就越合适。

网卡的基本功能

　　网卡是计算机局域网中最重要的连接设备,计算机主要通过网卡连接网络。在网络中,网卡的工作是双重的:一方面它负责接收网络上传过来的数据包,解包后,将数据通过主板上的总线传输给本地计算机;另一方面它将本地计算机上的数据打包后送入网络。

指示灯

网线插头

网线接口

⬆ 网卡

接口类型

　　网卡最终要与网络进行连接,所以也就必须有一个接口使网线通过它与其他计算机网络设备连接起来。不同的网络接口适用于不同的网络类型, 目前常见的接口主要有英特网的 RJ-45 接口、细同轴电缆的 BNC 接口和粗同轴电AUI 接口、FDDI 接口、ATM接口等。

⬆ 无线网卡

无线网卡

　　无线网卡就是通过无线形式进行数据传输,它的工作原理是微波射频技术。如今,笔记本电脑都是通过无线数据传输模式来上网。目前,无线上网方式按照途径不同可分为:无线局域网与无线广域网。

键 盘

键盘主要用来输入文字和命令，是一种输入设备。通过键盘，我们可以将英文字母、数字、标点符号等输入到计算机中，从而向计算机发出命令、输入数据等。

键盘的分类

按照应用类型，键盘可以分为台式机键盘、笔记本电脑键盘、工控机键盘、双控键盘、超薄键盘五大类。

台式电脑键盘

笔记本电脑键盘

键盘的发展历史

键盘的历史非常悠久，早在1714年，就开始相继有英、美、法、意、瑞士等国家发明了各种形式的打字机，最早的键盘就是在那时被用在打字机上的。

➡ 20 世纪 30 年代的打字机。世界上最早的打字机诞生于 1808 年，它是由意大利人佩莱里尼·图里发明的。他发明打字机的动机是帮助自己的一位失明女朋友。

"打字机之父"

1868 年，美国人克里斯托夫·拉森·肖尔斯获打字机模型专利，并取得经营权。几年后，他设计出现代打字机的实用形式，并首次规范了键盘，也就是我们现在的"QWERTY"键盘。肖尔斯因此被誉为"打字机之父"。

⬆ "打字机之父"克里斯托夫·拉森·肖尔斯

"QWERTY"键盘的由来

"QWERTY"是主键盘字母区左上角 6 个字母的连写，我们现在使用的键盘都称为 QWERTY 柯蒂键盘。在打字机刚出现时，工艺还不够完善，打字过快了，字键弹不回来，两个字键就会绞在一起，影响打字速度。为了使字键不被绞在一起，肖尔斯便把 26 个字母排列顺序打乱了，降低打字员的速度。"QWERTY"键盘就这样诞生了。

⬆ 随着电脑功能的日益强大，键盘的按键数也不断地变化，曾出现过 83 键、93 键、96 键、101 键、102 键、104 键、107 键等。

电容式键盘

电容式键盘就是我们最常用到的键盘，当按键按下时，在触点之间会形成两个串联的平板电容，从而使脉冲信号通过，其效果与接触式是等同的。和机械式键盘相比较，电容式键盘工艺复杂，手感好，噪音小，不容易磨损。

机械式键盘

常规键盘有机械式键盘和电容式键盘两种。机械式键盘采用类似金属接触式开关的原理，使触点导通或断开，工艺简单，手感一般，噪声大，而且容易磨损，但是维修比较方便。

弹簧　触点

鼠标

　　我们来设想一下，一个没有鼠标的电脑怎么使用？你肯定会说，当然无法使用了！也许，你想象不到，在40年以前，人们用的电脑都没有鼠标。1984年，当鼠标开始走进千家万户的时候，键盘的繁琐指令才被鼠标替代，从此计算机的操作开始变得非常简便。

鼠标名称的由来

　　鼠标刚刚出现的时候，被叫做X-Y轴位置指示器，因为这个电子设备通过一根细细的接线和主机连接起来，看起来就像是一只老鼠，所以人们叫它鼠标器，简称鼠标。

➡ 鼠标被发明后，首先于1973年被Xerox公司应用到经过改进的Alto电脑系统中。

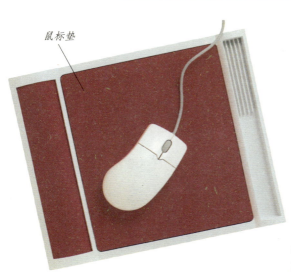

鼠标垫

鼠标的发展历史

　　从1968年鼠标的原型出现直到20世纪80年代初，第一代光电鼠标的诞生，仅仅经历了40年的历史。在这短短的几十年内，鼠标有了飞速的发展。鼠标按其工作原理的不同可以分为机械鼠标和光电鼠标。

⬅ 鼠标垫的主要作用在于辅助鼠标定位，大多数鼠标垫都采用了橡胶或布面为原材料，表面纹理的摩擦力较大，便于机械鼠标移动和定位。

机械鼠标

机械鼠标主要由滚球、辊柱和光栅信号传感器组成。当你拖动鼠标时，带动滚球转动，滚球又带动辊柱转动，光栅信号传感器反映出鼠标的位移变化，最后，再通过电脑程序的转换来控制屏幕上光标箭头的移动。

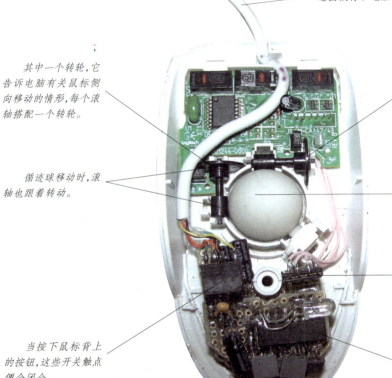

连接鼠标和电脑

其中一个转轮，它告诉电脑有关鼠标侧向移动的情形，每个滚轴搭配一个转轮。

转轮上面的触点，它本身就像一个移动式的开关，开关移动方向的改变将鼠标在前后方向的移动情况告知电脑。

循迹球移动时，滚轴也跟着转动。

循迹球的重量让它在移动时可以一直靠着桌面。

由滚轴送来的信息先通过这里，再传到鼠标背上的电路板。

当按下鼠标背上的按钮，这些开关触点便会闭合。

处理芯片读取循迹球移动的信息时，再把信息转换成电脑指令。

⬆ 机械鼠标示意图

光电鼠标

光电鼠标是用光电传感器代替了滚球。光电鼠标由光探测仪器来判断信号，通过检测鼠标器的位移，将位移信号转换为电脉冲信号，再通过电脑程序的转换来控制屏幕上光标箭头的移动。一般来说，这类传感器需要特制的、带有条纹或点状图案的鼠标垫板配合使用。

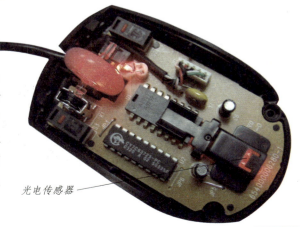

光电传感器

手写板

你见过用手写板在电脑上绘图吗？手写板也叫数位板，是一种输入设备，就像电脑上的键盘、鼠标。如果电脑没有配置手写板，在绘图时会很不方便，就像电脑只有键盘，没有鼠标一样。

手写板能做什么

每个手写板都配有一支专门的笔，我们用这支笔可以很灵活地写字、画画，进行电路设计、CAD 设计等。用来写字或画画时，你可以把它当做钢笔、毛笔、油画笔或者水彩笔，灵活地写出整齐的文字，画出美丽的图片。

手写板与电脑接线　　手写区域

专用手写笔

手写板的结构

手写板通常是由一块板子和一支笔组成，就像画家的画板和画笔，只是它们不是木头做的，而是精密的电子产品。

⬆ 手写板通过各种方法将笔或者手指走过的轨迹记录下来，然后识别为文字。手写板还可以用于精确制图，例如可用于电路设计、CAD 设计、图形设计、自由绘画以及文本和数据的输入等。

电阻压力式手写板

电阻压力式手写板是由一层可变形的电阻薄膜和一层固定的电阻薄膜构成,中间由空气相隔离。当你用笔或手指接触手写板时,电阻薄膜就能感应出笔或手指的位置。这类板原理简单,成本较低,价格也比较便宜,但是感触不是很灵敏,而且寿命很短。

电磁压感式手写板

电磁感压式手写板是通过在手写板下方的布线电路通电后,在一定空间范围内形成电磁场,来感应带有线圈笔尖的位置进行工作。使用者可以用它进行流畅的书写,手感也很好,绘图很有用。

⬆ 在触控板表面附着有一种传感矩阵,这种传感矩阵与一块特殊芯片一起,持续不断地跟踪着使用者手指电容的"轨迹"。

电容触控式手写板

电容触控式手写板是通过人体的电容来感知手指的位置,当你的手指接触到触控板的瞬间,就在板的表面产生了一个电容,能够每时每刻精确定位手指的位置。

其他输入设备

　　一个计算机系统，通常由输入设备、主机和输出设备三部分组成。输入设备就是向计算机输入数据和信息的设备。除了鼠标和键盘，我们常用的输入设备还有话筒、扫描仪、摄像头等。

扫描仪

　　扫描仪就是利用光电扫描将图形输入到计算机中的输入设备。如今，许多行业已开始把图像输入用于图像资料库的建设中。如人事档案中的照片输入，公安系统案件资料管理，图书馆的建设，工程设计和管理部门的工程图管理系统，都在使用各种类型的图形扫描仪。

↑ 平面扫描仪

摄像机

　　摄像机是把光学图像信号转变为电信号，以便于存储或者传输。当我们拍摄一个物体时，物体上反射的光被摄像机镜头收集，使其聚焦在摄像器件的受光面上，再通过摄像器件把光转变为电信号，即得到了"视频信号"。

← 电脑摄像头。选择摄像头，首先做工要精细；其次看镜头，从正面看有无红晕，再换角度去看，优质镜头无明显红晕；其三看芯片好坏。

光学标记阅读机

光学标记阅读机是一种用光电原理读取纸上标记的输入设备，常用的有条码读入器和计算机自动评卷记分的输入设备等。

➡ 在超级商场，当我们把选购的物品送到收款台时，收银员就会用收款机上的扫描仪去扫商品的条型码，收款机就会立刻打印出你的账单。

传真机

传真机先扫描即将需要发送的文件，并将其转化为一系列黑白点信息，这个信息再转化为声频信号，并通过传统电话线进行传送。接收方的传真机听到信号后，会将相应的点信息打印出来，这样，接收方就会收到一份原发送文件的复印件。

话筒

话筒又叫传声器，是一种电声器材，属于传声器，是声电转换的换能器，一般用于各种扩音设备中。话筒种类繁多，电路比较简单。

➡ 20世纪，麦克风由最初通过电阻转换声电发展为电感、电容式转换，大量新的麦克风技术逐渐发展起来，这其中包括铝带、动圈等麦克风以及当前广泛使用的电容麦克风和驻极体麦克风。

显示器

> 显示器就是计算机的"脸",它是一种输出设备,可以把计算机处理过的数据显示给我们看。一台品质比较高的显示器色彩柔和、清新、辐射小。当你用电脑来娱乐时,一个好的显示器是必不可少的。

显示器的应用

显示器的应用非常广泛,大到卫星监测、小到看 VCD、DVD。如今,显示器的身影无处不在,它的结构一般为圆形底座加机身,随着彩显技术的不断发展,现在出现了一些其他形状的显示器,但应用不多。

CRT 显示器

CRT 显示器是目前应用最广泛的显示器,也是十几年来外形与使用功能变化最小的电脑外设产品之一。但是其内在品质却一直在飞速发展,按照不同的标准,CRT 显示器可划分为不同的类型。

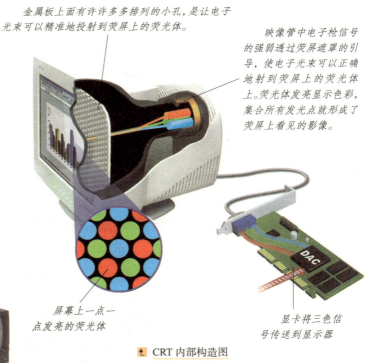

金属板上面有许许多多排列的小孔,是让电子光束可以精准地投射到荧屏上的荧光体。

映像管中电子枪信号的强弱透过荧屏遮罩的引导,使电子光束可以正确地射到荧屏上的荧光体上。荧光体发亮显示色彩,集合所有发光点就形成了荧屏上看见的影像。

屏幕上一点一点发亮的荧光体

显卡将三色信号传送到显示器

↑ CRT 内部构造图

按尺寸分类

　　从十几年前的 12 英寸黑白显示器到现在 19 英寸、21 英寸大屏彩显，显示器经历了由小到大的过程。现在，市场上以 14 英寸、15 英寸、17 英寸为主。另外，有不少厂家目前已成功推出 19 英寸、21 英寸大屏幕彩显。

14 寸 CRT 彩色显示器

光线通过偏光板时，只有与偏光板平行的光线会通过。

光线通过 R、G、B 三色的滤镜，变成纯色。

最外层的玻璃面板

当电源开时，液晶显示器背板的日光灯管发出光线。

光线通过液晶时，会因为信号的强弱而产生不同的变压，致使光线产生的扭转角度不一。

本例电脑传送到显示器的光点强度为 R=0%，G=50%，B=100。

⬆ 液晶显示器示意图

液晶显示器（LCD）

　　液晶显示器的英文名字缩写为 LCD，其优点是机身薄、节省空间、不产生高温、辐射小，是一种健康产品。世界上第一台液晶显示设备出现在 20 世纪 70 年代初，尽管是单色显示，它仍被推广到了电子表、计算器等领域。

⬇ 等离子显示器色彩还原性好，能够提供格外亮丽、均匀平滑的画面。

等离子显示器（PDP）

　　等离子显示器英文字母的缩写是 PDP，因此被叫做 PDP。PDP 是继 CRT 和液晶显示器 LCD 之后的一种高清晰的图像显示器。厚度薄、分辨率高、占用空间少，而且可以作为家中的壁挂电视使用。

 # 其他输出设备

> 输出设备可以将计算机中的数据或信息以数字、字符、图像、声音等形式表示出来。常见的输出设备有显示器、音箱、打印机、绘图仪、影像输出系统等。

多媒体音箱

如果我们把CPU比做电脑的心脏，显示器比做眼睛，而音箱就是电脑的嘴巴。有了音箱，电脑就会增加许多功能，比如当做电视、电话、DVD等来用。所以在电脑中，多媒体音箱与显示器有着同样重要的位置，它可以用来听音乐、看影片、玩游戏等。

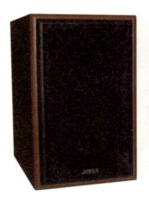
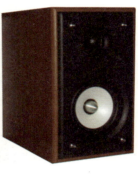

激光   旋转镜   鼓

碳

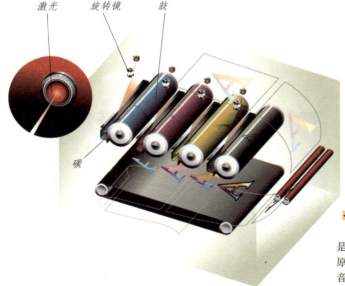

打印机

打印机是计算机最基本的输出设备之一，它将计算机的处理结果打印在纸上。目前，激光打印机和喷墨式打印机是最流行的两种打印机，它们都是以点阵的形式组成字符和各种图形。

◀ 激光打印机示意图

激光打印机主要用于企业办公，组成部分主要是硒鼓，一般价格比较昂贵。由于激光打印机的打印原理是复印，所以打印速度比喷墨打印机快很多，噪音也小，耗材也不贵。现在，一般都是黑白机器，只能打印文本。

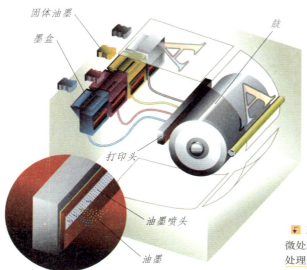

固体油墨
墨盒
鼓
打印头
油墨喷头
油墨

➡ 喷墨打印机内部构造示意图

喷墨打印机一般用于家庭,组成部分主要是墨盒,价格低、体积小、操作简单、噪音也低,可以打印出非常清晰的彩色图片或者照片。由于在打印图像时,需要进行一系列的繁杂程序,所以喷墨打印机的打印速度非常慢,而且墨盒很贵,有的墨盒甚至和打印机的价格差不多。

➡ 现代的绘图仪已具有智能化的功能,它自身带有微处理器,可以使用绘图命令,具有直线和字符演算处理以及自检测等功能。

绘图仪

绘图仪就是能按照人们要求自动绘制图形的设备。它可将计算机的输出信息以图形的形式输出。主要可绘制各种管理图表和统计图、大地测量图、建筑设计图、电路布线图、各种机械图与计算机辅助设计图等。

数码影像输出系统简称"数码冲印机",是数码冲印店冲印大型数码照片的主要设备。

影像输出系统

影像输出系统是一种用以获取及打印文件的影像数据。影像输出系统包括扫描单元、雷射打印单元、喷墨打印单元以及主机板。

⬅ 主机板连接扫描单元、雷射打印单元以及喷墨打印单元,主机板用来选择性地控制雷射打印单元或喷墨打印单元,对影像数据进行雷射打印操作或喷墨打印操作。

 # 计算机软件

电脑有了硬件还不行,就像一个木偶,没有生命力。要想让计算机完成我们想做的工作,使它"活"起来,就必须给它安装软件才行。比如要用计算机画画,我们必须给计算机安装绘图软件;要处理文字,制作幻灯片或者表格,就必须安装 Office 办公软件。

软件的分类

软件按功能可分为系统软件、支撑软件、应用软件三类,它们构成计算机系统中软件的总体,在不同的层次和场合发挥自己的功能。

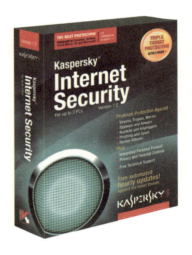

◄ 我们用的 Windows 就是电脑的系统软件,而卡巴斯基就是应用软件中的杀毒软件。

软件区别于硬件之处

电脑有了硬件和软件才能进行工作,这两者缺一不可。硬件是看得到、摸得着的部分,而软件则是看不见、摸不着的,它可以让电脑完成我们想做的工作。

➡ 此画面是我们最常见的 Windows 桌面,只有硬件和软件相互配合才能展现出如此好的画面。

机器语言

　　机器语言也叫做二进制代码语言,计算机可以直接识别,不需要进行任何翻译。每台机器的指令,其格式和代码所代表的含义都是硬性规定的,所以被称为机器语言,它是第一代计算机语言。机器语言对于不同型号的计算机来说一般是不同的。

汇编语言

　　汇编语言也叫做符号语言,是一种功能很强的程序设计语言,也是利用计算机所有硬件特性并能直接控制硬件的语言。汇编语言比机器语言易于读写、调试和修改,同时具有机器语言的全部优点。但使用汇编语言编写的程序,机器不能直接识别。

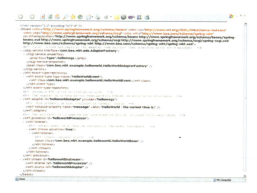

　　↑ 程序员既要驾驭程序设计的全局,又要深入每一个局部直到实现的细节,即使智力超群的程序员也会屡次出错,因而所编出的程序可靠性差,且开发周期长。

　　← 使用汇编语言编写的程序,机器不能直接识别,要由一种程序将汇编语言翻译成机器语言,这种起翻译作用的程序叫汇编程序,汇编程序是系统软件中语言处理系统软件。

高级语言

　　由于汇编语言用起来很不方便,于是人们又发明了更加易用的高级语言。高级语言把繁杂琐碎的事物交给编译程序去做,所以自动化程度很高,比较简单,容易掌握,设计出来的程序可读性好,可维护性强。

　　→ C++是一种使用非常广泛的计算机编程语言。它支持过程化程序设计、数据抽象、面向对象程序设计、制作图标等多种程序设计风格。

操作系统

　　为了使计算机所有硬件和各类软件能够有条不紊地工作,就必须有一个软件来进行统一管理,这种软件就是操作系统。操作系统出现之前,只有专业人士才懂得怎样使用计算机,而在操作系统出现之后,不管你是否是计算机专业毕业,只要经过简单的培训,都能很容易地掌握计算机。

什么是操作系统

　　操作系统的英文缩写为OS,就是管理和控制计算机所有硬件和软件的总管家。有了操作系统,计算机才能工作,才能运行其他软件。

➡ Windows Vista 是微软 Windows 操作系统的最新版本,2005 年这一名字正式被公布。

操作系统能做什么

　　当我们必须在电脑上完成一项工作时,可以直接把要做的事情告诉操作系统,操作系统就会把要做的事情安排给计算机去做,等计算机做完之后,操作系统再把结果告诉给我们,这样非常省事。

⬅ Windows XP 系统包含了上百种新功能、多媒体播放、网络、音频输出、游戏、图像制作、通讯等。

远古霸主——DOS

对于现在刚学电脑的人来说,可能没有听过 DOS。什么是 DOS 呢? DOS 是一种操作系统的英文缩写,它曾经占领了个人电脑操作系统领域的大部分,全球绝大多数电脑上都能看到它的身影。由于用起来特别麻烦,所以被新生的操作系统所代替。

🔺 MAC OSX 是苹果电脑的专用系统,增强了系统的稳定性。

常用的操作系统

操作系统形态多样,不同机器安装的操作系统可能就会不同。目前,我们常用的操作系统是由微软公司开发的 Windows 系列操作系统。在苹果机上使用的是 MAC OSX 操作系统,一些服务器采用 Linux 操作系统。

五大管理功能

操作系统是一个庞大的管理控制程序,大致包括五个方面的管理功能:进程与处理机管理、作业管理、存储管理、设备管理和文件管理。

🔺 Linux 是从一个比较成熟的操作系统发展而来的,是一种开放、免费的操作系统,而其他操作系统都是封闭的系统,需要有偿使用。这可以使我们不用花钱就能得到很多 Linux 的版本以及为其开发的应用软件。

➡ Windows 的任务管理器提供了计算机性能的信息,并显示了计算机上所运行的程序和进程,可以显示最常用的度量进程性能的单位。如果连接到网络,那么还可以查看网络状态并迅速了解网络是如何工作的。

计算机的发展历史

从第一台电子计算机诞生至今，虽然才60多年的历史，但是已经有了"四代"变革。第一代是电子管计算机，第二代是晶体管计算机，第三代是集成电路计算机，第四代是大规模集成电路计算机。目前，人类正在向第五代——"会思考"的机器过渡。

计算机之父

1946年，20世纪杰出的数学家冯·诺依曼在前人的基础上发明了电子计算机，大大促进了科学技术的进步，对人类的生活产生了巨大的影响，因此被人们誉为"计算机之父"。

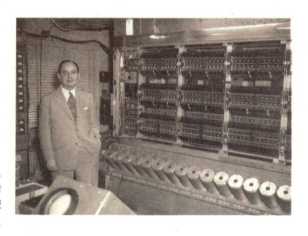

➡ 冯·诺依曼和第一台计算机"埃尼亚克"。一开始，承担开发"埃尼亚克"任务的是美国的四位科学家。后来，由于美籍匈牙利数学家冯·诺依曼的加入，从而使计算机顺利问世，因此他被誉为"计算机之父"。

第一代计算机

20世纪50年代是计算机研制的第一个高潮时期，那时计算机中的主要元器件都是用电子管制成的，人们将用电子管制作的计算机称为第一代计算机。以"埃尼亚克"为代表，一批计算机迅速推向市场，形成了第一代计算机族。

⬅ 电子管早期应用于电视机、收音机、扩音机等电子产品中，近年来逐渐被晶体管和集成电路所取代，但目前在一些高保真音响器材中，仍然使用电子管作为音频功率放大器件。

第二代计算机

由于第一代计算机电子管元件有许多明显的缺点。例如,价格昂贵,体积庞大,运算速度慢,这些都使计算机发展受到限制。于是,晶体管开始被用来做计算机的元件。晶体管不仅能实现电子管的功能,而且它的尺寸小、重量轻、寿命长、效率高。

➡ 晶体管被认为是现代历史中最伟大的发明之一,在重要性方面可以与印刷术、汽车和电话等发明相提并论。

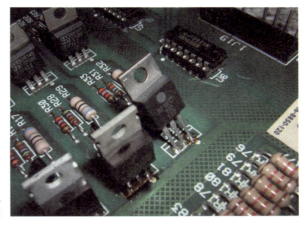

第三代计算机

虽然晶体管比起电子管是一个明显的进步,但晶体管会产生大量的热量,这会损害计算机内部的敏感部分。1958 年,科学家发明了集成电路 IC,将三种电子元件结合到一片小小的硅片上。计算机变得更小,功耗更低,速度更快。操作系统就是在这一时期开始使用的。

第四代计算机

从 20 世纪 70 年代到现在我们使用的计算机都属于第四代计算机。1976 年,由大规模集成电路和超大规模集成电路制成的"克雷一号",使电脑进入了第四代。超大规模集成电路的发明,使电子计算机不断向小型化、微型化、低功耗、智能化、系统化的方向更新换代。

南桥芯片

北桥芯片

➡ 第四代计算机所用的主板。对于主板而言,芯片组几乎决定了这块主板的功能,进而影响到整个电脑系统性能的发挥,应该说芯片组是主板的灵魂。

计算机如何工作

　　计算机是模仿人的思维过程进行工作的。人们通过输入设备把需要处理的信息输入计算机，计算机通过中央处理器把信息加工后，再通过输出设备把处理后的结果告诉给人们。计算机的每一个程序都对应着至少一项功能，只要你找到相应的程序，运行它就可以了。比如，录音机上有很多按钮，你按下相应的按钮，录音机便会执行相应的操作：播放、录音、前进、倒带等。

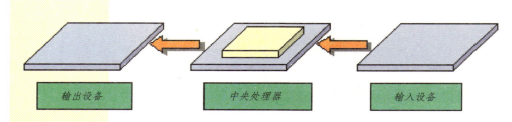

输出设备　　　　中央处理器　　　　输入设备

⬆ 早期计算机模型。早期计算机输入和输出设备十分落后，只能通过扳动计算机上无数的开关输入信息，而输出设备就是计算机面板上无数的信号灯。

▶ 现在计算机模型。和早期计算机相比，现在的计算机有了键盘、内存储器、外部存储器（硬盘）、显示器，体积也大大缩小了。键盘可以直接向计算机输入信息；显示器可以及时把处理结果显示在屏幕上；存储器使计算机使用更加方便，储存的数据可以重复使用。

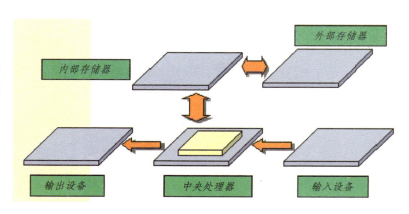

外部存储器

内部存储器

输出设备　　　中央处理器　　　输入设备

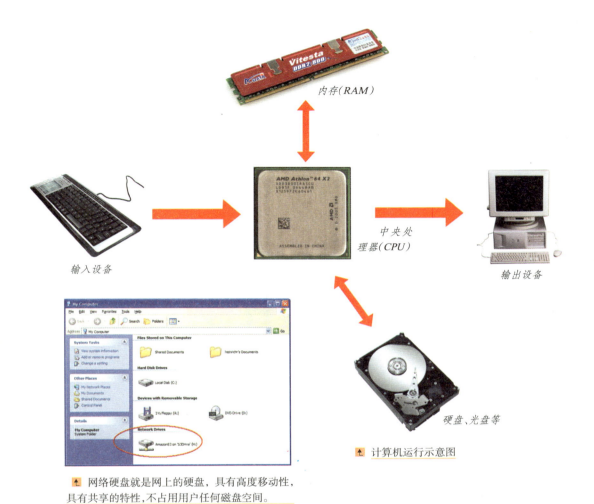

内存(RAM)

输入设备

中央处理器(CPU)

输出设备

硬盘、光盘等

🔺 计算机运行示意图

🔺 网络硬盘就是网上的硬盘,具有高度移动性,具有共享的特性,不占用用户任何磁盘空间。

电脑运行步骤

    1.运算结果会出现在输出设备(显示器)上。

    2.把运算结果存入外部存储器(硬盘)。

    3.CPU 负责处理这些数据。在运算过程中,CPU 不断和内存储器频繁交换信息,并控制计算机的各个部件完成运算。

    4.运算结果会出现在输出设备(显示器)上。

    5.保存文件。选择适当的存盘,内存储器中的数据就会存入硬盘。

    6.数据处理完成。如果需要将完成的文件带走,小文件可以通过因特网,放到网络硬盘上;大文件则需要存储在移动硬盘或 U 盘中,携带很方便。

    7.正确关机。通知操作系统,需要关机了,当屏幕出现关机的提示时,就可以确定关机,然后切断电源。

模拟计算机与数字计算机

计算机可分为模拟计算机和数字计算机两大类。模拟计算机的计算精度低,应用范围很窄,几乎不再生产。数字计算机操作简单、应用范围非常广泛,是当今世界电子计算机行业中的主流。

模拟计算机

模拟式计算机出现较早,内部所使用的电信号模拟自然界的实际信号,所以称为模拟电信号。模拟电子计算机处理问题的精度差,所有的处理过程都需要模拟电路来实现,电路结构复杂,抗外界干扰能力也很差。

1949 年刘易斯飞行推进实验室的模拟计算机

数字式电子计算机是当今世界电子计算机行业中的主流,其内部处理的是一种称为符号信号或数字信号的电信号。

数字计算机

数字式计算机是当今世界电子计算机行业中的主流,其内部处理的是一种称为符号信号或数字信号的电信号。它的主要特点是"离散",在相邻的两个符号之间不可能有第三种符号存在。由于这种处理信号的差异,使得它的组成结构和性能优于模拟计算机。

数字计算机的分类

计算机有巨型、大型、中型、小型、微型和单片型等,我们日常使用的电脑指后两种,微型计算机和单片机能够满足普通人的使用,而且价格也能够被普通人接受,因此使用得最多。

➡ 微型数字计算机是由大规模集成电路组成,体积较小,由微处理机、存储片、输入和输出片、系统总线等组成。其特点是体积小、灵活性大、价格便宜、使用方便。

中型数字计算机

中型数字计算机一般是企业用的服务器,一些企业需要较强的数字计算机来完成大量工作,但是无法承受巨型计算机的价格,因此采用价格相对较低的中型数字计算机。

⬅ 服务器的构成与微机基本相似,有处理器、硬盘、内存、系统总线等。由于它们是针对具体的网络应用特别制定的,所以服务器与微机在处理能力、稳定性等方面存在很大差异。

⬇ 国际上以运算速度在每秒1 000万次以上、存储容量在1 000万位以上、价格在1 000万美元以上的计算机为巨型计算机。

巨型数字计算机

巨型数字计算机的运算能力比普通的电脑强很多倍,当然体积也要大得多。巨型数字计算机造价昂贵,而且还有专人维护,所以它不是供个人用户使用,而是为需要进行大量数据分析的公司和机构所使用的。

笔记本电脑

> 　　笔记本电脑简称 NB，又叫手提电脑或膝上型电脑。它可以提在手上、背在包里，和小学生书包的重量差不多。目前，电脑的体积越来越小，重量越来越轻，而功能却越来越强大了。

笔记本电脑的诞生

　　是谁制造了历史上第一台笔记本电脑呢？早在 1982 年，美国康柏公司就推出了一款手提电脑，重约 14 千克，这应该算是最早的笔记本电脑雏形。但是美国 IBM 公司却拒绝接受这个说法，坚持认为 IBM 在 1985 年开发的一台膝上电脑 IBM Convertible 5140 才是笔记本电脑真正意义上的"开山鼻祖"。

➡ IBM Convertible 5140 处理器也不过是 Intel 8080，主频 4.77MHz，内存 256K，但增加了两个 3.5 英寸软驱作为存储器。而最具创新的地方就是内置了电池，不仅成为世界上第一台完全通过内置电池工作的计算机，而且也为以后笔记本电脑的发展确立了内置电池的设计规范。

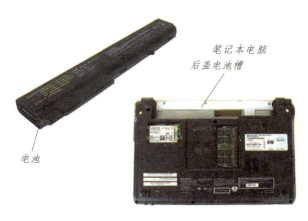

笔记本电脑后盖电池槽

电池

电池

　　笔记本电脑普遍使用的是可充电电池。与台式电脑不同，电池是笔记本电脑最重要的组成部件之一。如果你在远离电源的地方使用笔记本电脑，它却没有电了，这会耽误你很多重要的事情。所以，对笔记本电脑来说，电池非常重要。

笔记本电脑的组成

看起来便携、外表简单的笔记本电脑，它的部件其实和PC机差不多。组成部分有外壳、液晶屏(LCD)、CPU(处理器)、散热系统、定位设备、硬盘、声卡和显卡以及电池等。

← 比较好的液晶屏有夏普公司的"超黑晶"、东芝公司的"低温多晶硅"等，这两款都是薄膜电晶体液晶显示器(TFT)液晶屏。

↑ 笔记本电脑的外壳比较美观，和台式计算机相比，它的主要作用也是用来保护内部器件的。较为流行的外壳材料有：工程塑料、镁铝合金、碳纤维复合材料（碳纤维复合塑料）。其中，碳纤维复合材料是较好的外壳材料。

笔记本电脑处理器在制作工艺上比同时代的 PC 处理器更加先进，它要具备 PC 处理器不具备的电源管理技术，所以要使用更高的微米精度，各个要求也都要大于普通 PC 处理器上的要求。

处理器

处理器是个人电脑的核心设备，笔记本电脑也不例外。和台式计算机不同，笔记本电脑的处理器除了速度等性能指标外还要兼顾功耗。

笔记本电脑的散热系统

笔记本电脑的散热系统由导热设备和散热设备组成，其基本原理是由导热设备将热量集中到散热设备散出。其实，键盘也是散热设备，在你敲打键盘的时候，它也将散去大量的热量。

↑ 笔记本电脑除了自身的散热系统外，有些还配有专用的散热垫，它可以使笔记本电脑散发更多热量。

掌上电脑

掌上电脑又称为 PDA，基本结构与电脑类似，体积很小，放在手上就可以使用。主要用于个人信息的储存、应用和管理。PDA 功能丰富，应用简便，可以满足我们的日常需求，比如看书、游戏、查字典、学习、记事、看电影等。

掌上电脑的特点

相对于传统电脑，PDA 的优点是轻便、小巧、可移动性强，同时又不失功能的强大；缺点是屏幕过小，且电池续航能力有限。PDA 通常采用手写笔作为输入设备，而存储卡作为外部存储介质。

➡ 相对于传统电脑，PDA 的外围助理功能丰富，应用简便，可以满足你日常的大多数需求，比如看书、游戏、学习、记事、看电影等一应俱全。

PDA 的组成

PDA 具备了一台电脑主机的基本结构，因此它也拥有电源开关、屏幕开关、硬启动和软启动按钮。由于 PDA 将很多资料保存在RAM（内存）中，因此它时时刻刻需要电力。一般情况下，我们总是将电源开关始终处于打开状态，此时只对RAM供电，所以对电能的消耗并不是很大。

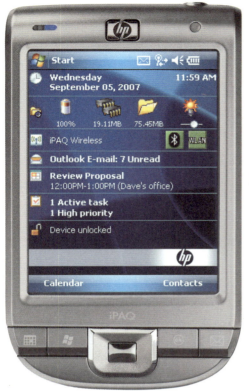

PDA 的操作系统

　　PDA 虽然身轻体小，但是它也有自己的运转控制程序，这个程序就是 PDA 的操作系统。大多数 PDA 操作系统都是依靠按键来控制程序运行的，不过现在许多种 PDA 的操作系统都允许用探笔点击运行，方便用户使用。

◀ 目前PDA操作系统有很多，有Linux操作系统、"黑莓"的 BlackBerry 系统、微软的 Windows Mobile 操作系统等。

PDA 的发展

　　1992 年，苹果电脑公司推出第一款PDA。但是，这一款产品在商业上很不成功。后来，出现了专门为了手写输入方便的一种输入法，一家公司利用这种输入法，推出了 PDA 系列产品，并获得了巨大的成功。

▶ PDA 功能强大，在 PDA 的功能基础上加上通讯功能，就成了一款 PDA 手机。

PDA 上网

　　尽管屏幕尺寸较小，使用 PDA 上网还是比较方便的，你可以通过互联网，任意选择你喜欢听的音乐、电视或者电影，享受其中的乐趣。

 # 服务器

服务器是一种高性能计算机,主要用来存储、处理网络上的数据和信息,因此也被称为网络的灵魂。如果说服务器是邮局的交换机,电脑就是电话机。我们平时的电话交流,必须经过交换机,才能到达目标电话。而电脑上网,也必须经过服务器,是服务器在"组织"和"领导"这些设备。

服务器的功能

随着信息技术的进步,网络的作用越来越明显,对信息系统的数据处理能力、安全性等要求也越来越高,如果我们在进行电子商务的过程中被黑客窃走密码、损失关键商业数据,或者在自动取款机上不能正常存取,也许就是管理这些设备系统的服务器有了问题。

服务器分类

目前,按照体系架构来区分,服务器主要分为两类:x86 服务器和非 x86 服务器。x86 服务器就是我们通常所说的 PC 服务器,主要用在中小企业;非 x86 服务器主要用在金融、电信等大型企业的核心系统中。

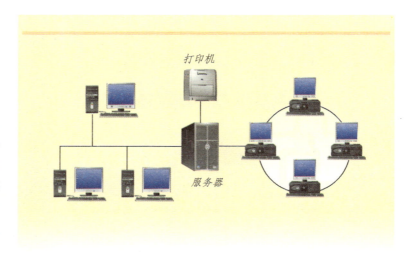

服务器是网络上一种为客户端计算机提供各种服务的高性能计算机,它在网络操作系统的控制下,将与其相连的硬盘、磁带、打印机、调制解调器及各种专用通讯设备提供给网络上的客户站点共享,也能为网络用户提供集中计算、信息发表及数据管理等服务。

服务器的构成

服务器的构成与电脑基本相似,主要包括:中央处理器、内存、芯片组、输入输出总线、输入输出设备、电源、机箱和相关软件。这也是我们选购一台服务器时所主要关注的指标。

⬆ 服务器主要应用于数据库和 Web 服务,而 PC 主要应用于桌面计算和网络终端,设计根本出发点的差异决定了服务器应该具备比 PC 更可靠的持续运行能力、更强大的存储能力和网络通信能力、更快捷的故障恢复功能和更广阔的扩展空间,同时对数据相当敏感的应用还要求服务器提供数据备份功能。

服务器怎么运作

整个服务器系统就像一个人,处理器就是服务器的大脑,而各种总线就像是分布在全身肌肉中的神经,芯片组就像是脊髓,输入输出设备就像我们的手、眼睛、耳朵和嘴,而电源系统就像是血液循环系统,它将能量输送到身体的所有地方。

超级计算机

　　计算机在今天的社会里已经不是什么稀奇的工具了，如今许多家庭、企业和娱乐场所都配备了各式各样的计算机。其实，在计算机中，运算数据最强大的应该是超级计算机，它不仅非常庞大，而且速度极快。如果把普通计算机的运算速度比做一个奔跑的成年人，那么超级计算机就像是一个高速飞行的火箭。

什么是超级计算机

　　和普通计算机不同的是，超级计算机通常是由数百数千甚至更多的处理器组成，能计算普通计算机和服务器不能完成的大型复杂的课题。

▲ 美国航空航天局的超级计算机系统的主机

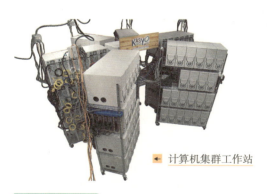
◀ 计算机集群工作站

研发意义

　　超级计算机被应用在工业、科研和学术等领域。目前，我国有22台（中国内地19台，香港1台，台湾2台）超级计算机，居世界第5位。超级计算机是一个国家科研实力的体现，它对国家安全、经济和社会发展具有举足轻重的意义。

超级计算机的特点

超级计算机由成百上千个处理器组成，可以达到每秒钟 100 万亿次的运算速度。它是计算机中功能最强、运算最快、存储量最大的一类计算机。

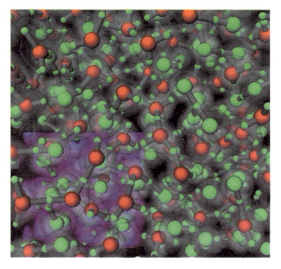

➡ 作为超级计算机，它的速度当然是普通计算机所无法相比的。右图是超级计算机的分子模拟。

相互竞争

作为高科技发展的要素，超级计算机早已成为世界各国经济和国防方面的竞争利器。经过我国科技工作者几十年的不懈努力，我国的高性能计算机研制水平显著提高，成为继美国、日本之后的第三大高性能计算机研制生产国。目前世界上已经有很多国家从事超级计算机的研发工作。

超级计算机的应用

超级计算机不是用来娱乐或者做普通的运算工作的，它多用于国家高科技领域和一些尖端科学技术研究，如对宇宙天体运行轨道的计算或者国防工程的计算，是国家科技发展水平和综合国力的重要标志。

🔺 超级计算机模拟天体运动。

DNA 计算机

你能用一个盛着液体的试管解答一道数学题吗？听起来非常可笑，可这却是真的。这个盛着液体的试管就是DNA计算机。科学家研究发现：脱氧核糖核酸（英文缩写DNA）有一种特性，就是能够携带生物体的大量基因物质。人们从中得到启发，正在研究制造未来的液体DNA电脑。

DNA 计算机怎么运行

DNA 计算机是以瞬间发生的化学反应为基础，通过和酶的相互作用，将发生过程进行分子编码，把二进制数翻译成遗传密码的片段，然后对问题以新的 DNA 编码形式加以解答。

▶ DNA 计算是计算机科学和分子生物学相结合而发展起来的新兴研究领域。

DNA 计算机发明故事

1994 年，艾得尔曼教授用一支试管解答了著名的货郎担问题：一个推销员要去 7 个城市推销产品，走遍这 7 个城市有许多种方案可以选择，哪一种是最短路线呢？艾得尔曼教授将一些特殊的 DNA 链装入试管，结果 DNA 链算出了答案，这个实验公布后，震惊了世界。人们从这个试验中看到了 DNA 用来计算的美好前景。

强大的运行

DNA 分子具有强大的运算能力，它将可能解决一些电子计算机难以完成的复杂问题，而且也可能在体内药物传输或遗传分析等领域发挥重要作用。DNA 的计算速度将比最快的计算机快 1000 倍。

⬆ 由于DNA分子具有强大的运算能力和超高的存储能力，DNA计算机将可能解决一些电子计算机难以完成的复杂问题，而且也可能在体内药物传输或遗传分析等领域发挥重要作用。

超强的存储能力

虽然DNA计算机的体积很小，但它存储的信息量却很大。据计算，1 克DNA能存储的信息量相当于 1 万亿张 CD 光盘，远远大于我们现在使用的计算机存储芯片和其他存储介质。

生物计算机

生物计算机主要是指以生物电子元件构建的计算机。科学家发现，蛋白质有开关特性，因此设想出了一种用蛋白质分子做元件制成的集成电路，这就是生物芯片，人们把使用生物芯片的计算机称为生物计算机，目前生物计算机只是设想，还没有实现。

0 与 1

0 与 1 是一切数字的神奇渊源。电脑所使用的语言就是由 0 与 1 组成的二进制数,这是电脑的基本语言,用来表示一切信息和程序。0 与 1 就好比语言中的是和否,只用简单的是非关系就区分出了庞杂的数据信息。

0 与 1 的原理

在数字电路中,我们把有电子信号看做是 1,没有电信号看做是 0,这样,一个数字电子系统就可以用信号的有无来表示了。

➡ 20 世纪,计算机的运算模式——二进制被称为第三次科技革命的重要标志之一。

码 0100 告知电脑这是一个大写字母。

这是字母 h 的专用代码,不分大写和小写。

只认识 0 和 1 的电脑

计算机发明之初,人们只能用计算机的语言去命令计算机。计算机只认 0 和 1 组成的指令序列,所以无论是中文还是英文都必须通过各种编程工具转换为 0 和 1 才能被电脑识别。

$$H=01001000$$

$$h=01101000$$

码 0110 告知电脑这是一个小写字母。

二进制

二进制是计算技术中广泛采用的一种数制,什么是二进制呢?就是所有的数都是用 0 和 1 表示的,比如 0 就是 0,1 是 1,2 则表示为 10,这就是二进制。

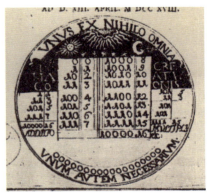

◀ 1703 年,德国科学家莱布尼兹将关于二进制的论文提交给法国科学院,并公开发表。莱布尼兹(左图)为奥古斯特公爵制作的二进制纪念章(右图)。

二进制与十进制的转换

在数学上,只要经过一定步骤的转化,就可以把二进制数转换成十进制数。这样,虽然计算机内部进行二进制数字计算,但是我们看到的结果却是用常用的十进制表示的,所以你不用担心计算机会显示让人看得头晕的二进制数据。

 二进制与十进制转换图

DEC	HEX	BIN	DEC	HEX	BIN	DEC	HEX	BIN
0	00	00000000	43	2B	00101011	86	56	01010110
1	01	00000001	44	2C	00101100	87	57	01010111
2	02	00000010	45	2D	00101101	88	58	01011000
3	03	00000011	46	2E	00101110	89	59	01011001
4	04	00000100	47	2F	00101111	90	5A	01011010
5	05	00000101	48	30	00110000	91	5B	01011011
6	06	00000110	49	31	00110001	92	5C	01011100
7	07	00000111	50	32	00110010	93	5D	01011101
8	08	00001000	51	33	00110011	94	5E	01011110
9	09	00001001	52	34	00110100	95	5F	01011111
10	0A	00001010	53	35	00110101	96	60	01100000
11	0B	00001011	54	36	00110110	97	61	01100001
12	0C	00001100	55	37	00110111	98	62	01100010
13	0D	00001101	56	38	00111000	99	63	01100011
14	0E	00001110	57	39	00111001	100	64	01100100
15	0F	00001111	58	3A	00111010	101	65	01100101
16	10	00010000	59	3B	00111011	102	66	01100110
17	11	00010001	60	3C	00111100	103	67	01100111
18	12	00010010	61	3D	00111101	104	68	01101000
19	13	00010011	62	3E	00111110	105	69	01101001
20	14	00010100	63	3F	00111111	106	6A	01101010
21	15	00010101	64	40	01000000	107	6B	01101011
22	16	00010110	65	41	01000001	108	6C	01101100
23	17	00010111	66	42	01000010	109	6D	01101101
24	18	00011000	67	43	01000011	110	6E	01101110
25	19	00011001	68	44	01000100	111	6F	01101111
26	1A	00011010	69	45	01000101	112	70	01110000
27	1B	00011011	70	46	01000110	113	71	01110001
28	1C	00011100	71	47	01000111	114	72	01110010
29	1D	00011101	72	48	01001000	115	73	01110011
30	1E	00011110	73	49	01001001	116	74	01110100
31	1F	00011111	74	4A	01001010	117	75	01110101
32	20	00100000	75	4B	01001011	118	76	01110110
33	21	00100001	76	4C	01001100	119	77	01110111
34	22	00100010	77	4D	01001101	120	78	01111000
35	23	00100011	78	4E	01001110	121	79	01111001
36	24	00100100	79	4F	01001111	122	7A	01111010
37	25	00100101	80	50	01010000	123	7B	01111011
38	26	00100110	81	51	01010001	124	7C	01111100
39	27	00100111	82	52	01010010	125	7D	01111101
40	28	00101000	83	53	01010011	126	7E	01111110
41	29	00101001	84	54	01010100	127	7F	01111111
42	2A	00101010	85	55	01010101			

小 故 事

早期的计算机工程师要想让计算机工作,必须编辑复杂的 0 和 1 的语言给电脑,告诉它工作任务。这不仅繁琐而且容易出错,后来人们发明了更先进的编程工具,让计算机程序自动将人类的文字指令转换为 0 和 1 的计算机语言。

 一幅反映编程人员的漫画

计算机网络

如今，人们通过网络在计算机上可以做很多工作。什么是计算机网络呢？简单地说，计算机网络就是通过电缆、电话线或无线通讯将两台以上的计算机互联起来的一张看不见的"大网"。一个网络可以由两台计算机组成，也可以由在同一大楼里面工作的上千台计算机组成。

网络的组成

计算机网络的组成基本上包括：计算机、网络操作系统、传输介质（可以是有形的，也可以是无形的，如无线网络的传输介质就是空气）以及相应的应用软件四部分。

➤ 计算机网络就是通过电缆、电话线或无线通讯将两台以上的计算机互联起来的集合。

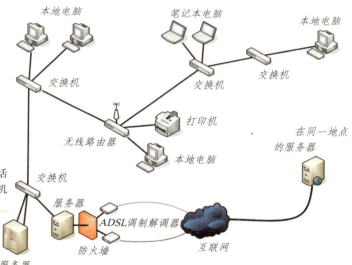

本地电脑
笔记本电脑
本地电脑
交换机
交换机
交换机
无线路由器
打印机
本地电脑
在同一地点的服务器
交换机
服务器
ADSL调制解调器
防火墙
互联网
主服务器

← 路由器是互联网络的枢纽，是"交通警察"。目前路由器已经广泛应用于各行各业，各种不同档次的产品已经成为实现各种骨干网内部连接、骨干网间互联和骨干网与互联网互联互通业务的主力军。

网络的分类

虽然网络类型的划分标准各种各样，但是我们一般以通用网络为划分标准。按这种标准可以把各种网络类型划分为局域网、城域网、广域网和互联网四种。

局域网

局域网是我们最常见、应用最广的一种网络。它指的是在局部地区范围内的网络,所覆盖的地区范围比较小。通常我们常见的LAN就是指局域网。现在,几乎每个单位和大多数家庭都有自己的局域网。

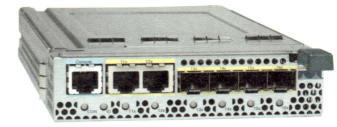

↑ 交换机是一种在通信系统中完成信息交换功能的设备。交换机在同一时刻可进行多个端口对之间的数据传输。每一端口都可视为独立的网段,连接在其上的网络设备独自享有全部的带宽。

总公司

分公司A

分公司B

互联网

互联网接入集中管理

公司内部连线

公司内部连线

城域网

城域网是不同地区的网络互联。一般来说,城域网是在一个城市,但不在同一地理范围。这种网络的连接距离比LAN更长,连接的计算机数量更多。

← 互联网是人类发展史上伟大的里程碑,极大地促进了人类社会的进步和发展。

广域网

广域网也称为远程网,所覆盖的范围比城域网更广,它一般是在不同城市之间的LAN或者MAN网络互联,地理范围可从几百千米到几千千米。

互联网

互联网英文Internet,所以又称为"因特网"。互联网是指人们利用联网可以与远在千里之外的朋友相互发送邮件、共同完成一项工作、共同娱乐等。

无处不在的网络

　　随着科技的发展，计算机网络将人与人、人与物、物与物连缀在一个地球村，网络给我们提供了最自由的生活、无处不在的便利：我们可以用e-mail在很短的时间内"寄信"，网络视频使我们可以和在外地工作的家人经常见面……在我们的生活中，网络已经无处不在。

网络教学

　　网络教学就是能够用声音、文字、图形、图像立体地表现信息。运用网络教学能使学生看到图文并茂、视听一体的交互式集成信息，可以在网络上阅读文字材料，也可以从网络上听取声音材料，激发学生产生学习兴趣，主动、及时地获取信息。

➡ 网络教学的多媒体教室

视频会议

　　当我们无法聚集到同一个地方进行会议时，视频会议就为我们提供一个会议平台。视频会议能让我们互相看到对方，而且能够共享各类资料。比如通过视频通讯，人们可以在世界任何角落互相看到、听到以及同时交换任何类型的文件或图像。

◀ 网络多媒体视频会议可以突破时间与地域的限制，通过互联网实现面对面的交流效果。

e-mail

e-mail 是一种极为快速、简便和经济的通信方法。与邮政信件相比，e-mail 非常迅速，传递时间只需要几分钟，而且即写即发，省去了粘贴邮票和跑邮局的麻烦；与电话相比，e-mail 非常经济。

➤ 电子邮件综合了电话通信和邮政信件的特点，它传送信息的速度和电话一样快，又能像信件一样使收信者在接收端收到文字记录。

资源共享

什么叫资源共享？比如，我们把一部好书发布在互联网上，全世界的人都能阅读到，这就是资源共享。互联网的好处就是我们大家可以用同一个资源，最大限度地节省成本，提高效率。

⬇ 互联网是人类社会有史以来第一个世界性的图书馆和第一个全球性论坛。任何人，无论来自世界的任何地方，在任何时候，都可以参加，互联网永远不会关闭。

查询方便

有了网络，我们为了一个想要解决的问题就没有必要去麻烦别人了，只要你打开电脑，在因特网上搜索相关主题，就会立即得到你想要知道的信息，非常方便。

电子商务

电子商务通常是指在全球各地广泛的商业贸易活动中，在因特网开放的网络环境下，买卖双方在不见面的情况下进行的各种商贸活动。比如，网上购物、商户之间的网上交易、在线电子支付。

图书在版编目（CIP）数据

科学在你身边. 电脑 / 畲田主编. —长春：北方妇女儿
童出版社，2008.10
ISBN 978-7-5385-3523-5

Ⅰ. 科… Ⅱ. 畲… Ⅲ. ①科学知识–普及读物②电子
计算机–普及读物 Ⅳ. Z228 TP3-49

中国版本图书馆 CIP 数据核字（2008）第 137230 号

出版人：李文学
策　划：李文学　刘　刚

科学在你身边

电脑

主　　编：畲　田
图文编排：赵小玲　白　冰
装帧设计：付红涛
责任编辑：赵　凯
出版发行：北方妇女儿童出版社
　　　　　（长春市人民大街 4646 号　电话：0431-85640624）
印　　刷：三河市宏凯彩印包装有限公司
开　　本：787×1092　16 开
印　　张：4
字　　数：80 千
版　　次：2013 年 3 月第 1 版
印　　次：2013 年 3 月第 1 版第 3 次印刷
书　　号：ISBN 978-7-5385-3523-5
定　　价：12.00 元

质量服务承诺：如发现缺页、错页、倒装等印装质量问题，可向印刷厂更换。

科学在你身边
KEXUEZAINISHENBIAN

电

北方妇女儿童出版社